Auguste Laugel

Le Pôle Nord et les découvertes arctiques

Science

 Le code de la propriété intellectuelle du 1er juillet 1992 interdit en effet expressément la photocopie à usage collectif sans autorisation des ayants droit. Or, cette pratique s'est généralisée dans les établissements d'enseignement supérieur, provoquant une baisse brutale des achats de livres et de revues, au point que la possibilité même pour les auteurs de créer des œuvres nouvelles et de les faire éditer correctement est aujourd'hui menacée. En application de la loi du 11 mars 1957, il est interdit de reproduire intégralement ou partiellement le présent ouvrage, sur quelque support que ce soit, sans autorisation de l'Éditeur ou du Centre Français d'Exploitation du Droit de Copie , 20, rue Grands Augustins, 75006 Paris.

ISBN : 978-1719180153

10 9 8 7 6 5 4 3 2 1

Auguste Laugel

Le Pôle Nord et les découvertes arctiques

Science

Table de Matières

INTRODUCTION. 7

I. — CONFIGURATION ET CLIMAT DES RÉGIONS POLAIRES. 8

II. — PREMIÈRES DÉCOUVERTES ARCTIQUES. 22

III. — VOYAGES A LA RECHERCHE DE FRANKLIN. — DÉCOUVERTE DU PASSAGE DU NORD. 34

INTRODUCTION.

Les régions polaires sont environnées d'une barrière de glace qui les a longtemps rendues inaccessibles. On ne sait pas encore aujourd'hui d'une manière certaine si le pôle de la terre se trouve au milieu des terres ou s'il est le centre d'une mer intérieure, vaste méditerranée arctique. Deux navigateurs seulement ont atteint le 82e degré de latitude, Henri Hudson en 1607, et de nos jours sir Edward Parry. Ainsi, après des siècles d'efforts et d'héroïques entreprises, nous ne connaissons que les régions à proprement parler *circumpolaires*; encore la géographie en est-elle assez imparfaite et n'a-t-elle pu être tracée en quelque sorte qu'à larges traits. Les marins les plus résolus ne s'engagent pas sans crainte dans ces mornes solitudes et ces labyrinthes de glace où tout devient danger, où la mort se présente avec le hideux cortège du froid et de la faim. Le sort de sir John Franklin et de ses compagnons a encore augmenté le sentiment de danger et presque d'horreur qui s'est de tout temps attaché aux contrées inconnues du Nord; mais de pareilles infortunes, si cruelles qu'elles soient, ne font qu'affaiblir pour un instant et n'arrêtent jamais complètement l'ardeur des entreprises. Les expéditions au pôle nord se continuent, et les documents anglais, d'après lesquels nous essayons cette étude, nous les montreront atteignant, il y a deux ans à peine, un de leurs principaux résultats. L'histoire des découvertes arctiques est une des preuves les plus éclatantes de ce que peut l'homme en lutte avec les forces naturelles, elle fait voir au service de combien de passions diverses il peut mettre cette activité obstinée qui finit par triompher de tous les obstacles. Là où se hasardèrent d'abord quelques pêcheurs aventureux, des hommes entreprenants se succédèrent, entraînés par l'amour et la soif de l'or, qui s'étaient emparés de l'ancien continent après la découverte mémorable de Christophe Colomb; les plus nombreux allèrent y chercher ce fameux passage du Nord, qui devait être une grande route nouvelle pour le commerce du monde. De nos jours enfin, on a vu partir pour ces régions désolées des hommes animés du seul amour de la science et de l'ambition des découvertes. Quelques-uns, soldats obscurs du devoir, étaient surtout préoccupés du désir de soutenir l'honneur du pavillon national; d'autres, et ceux-là plus héroïques encore, allaient rechercher leurs devanciers perdus et courir volontairement au-devant des dangers mêmes auxquels ils espéraient les arracher.

A l'honneur de l'Angleterre, il faut dire que, depuis le règne de la reine Elisabeth jusqu'à nos jours, c'est la nation anglaise qui a fait les frais de presque toutes les expéditions arctiques; elle a porté dans ces entreprises ce courage patient et cette opiniâtreté résolue qui forment le trait le plus étonnant de son génie. Ce sont des noms anglais qui couvrent les cartes polaires, et plus d'un marque la place d'un tombeau. Ainsi la souveraine des mers a voulu ajouter à son empire jusqu'à ces solitudes oubliées, environnées de mystère et de terreur, d'où la nature semblait vouloir à jamais repousser l'homme.

Pour se rendre un compte exact de l'importance de telles entreprises et des difficultés particulières que présente la navigation dans les régions rapprochées du pôle, il faut en connaître la configuration géographique et le climat. Un rapide tableau de ces contrées peut seul nous aider à mieux comprendre les tentatives d'exploration dont elles ont été le théâtre, aussi bien que les étranges difficultés qu'elles, opposent aux efforts du génie humain.

I. — CONFIGURATION ET CLIMAT DES RÉGIONS POLAIRES.

On comprend sous le nom de *zones glaciales* les portions de la terre qui dépassent les latitudes de 66° 32', et qui forment ainsi, pour parler le langage des géomètres, deux calottes sphériques dont les deux pôles sont les centres, et qui sont séparées des zones dites tempérées par les cercles polaires. Cette limite n'est point arbitraire : en-deçà du cercle polaire, le soleil se lève et se couche tous les jours de l'année; au-delà, il reste à certaines époques de l'année plus d'un jour au-dessus et au-dessous de l'horizon. Si la terre, en se mouvant sur son orbite, tournait autour d'une ligne qui lui fût exactement perpendiculaire, les nuits seraient égales en tous les points du globe, et des jours égaux leur succéderaient régulièrement; mais en réalité elle tourne autour d'une ligne oblique à son orbite. Un des pôles fait toujours face au soleil, et le mouvement de rotation ne peut pas le dérober à ses rayons; il demeure ainsi éclairé jusqu'à ce que le mouvement de translation de la terre amène insensiblement devant le soleil le pôle qui pendant tout ce temps était resté dans l'obscurité. A la latitude de 70 degrés, le soleil ne se couche point pendant environ soixante-cinq jours, et ne se lève pas pendant, soixante jours; à celle de 80 degrés, il reste sur l'horizon pendant cent trente-quatre jours, et au-dessous pendant cent vingt-sept jours. Il a suffi par conséquent qu'une faible inclinaison fût imprimée à l'axe de la terre pour que la lumière et l'obscurité fussent réparties sur certains de ses points d'une manière si exceptionnelle et si peu en harmonie avec les alternances invariables et régulières de nos climats.

Un autre phénomène bien connu est lié à la même circonstance. On sait que tant que le soleil n'est point descendu à plus de 18 degrés environ au-dessous de l'horizon, nous recevons encore ses rayons brisés ou plutôt courbés par la réfraction atmosphérique. Cette lueur crépusculaire est d'autant plus vive, qu'elle est plus rapprochée du point où le soleil s'est couché; elle s'affaiblit par degrés dans la direction du point opposé de l'horizon. Le crépuscule a une durée variable aux différentes époques de l'année : à Paris, par exemple, il dure exceptionnellement toute la nuit à l'époque du solstice d'été. Dans la zone glaciale, le crépuscule peut continuer pendant des journées entières et même des mois, suivant qu'on s'approche davantage du pôle. Au pôle boréal même, du 21 mars au 23 septembre, il règne un jour absolu; un crépuscule de cinquante-trois jours lui succède, puis une obscurité complète de deux mois et demi, puis un nouveau crépuscule de cinquante-deux jours.

Aussitôt qu'on entre dans la zone glaciale, toutes les conditions ordinaires de la vie se trouvent donc altérées. L'homme est habitué dès l'enfance à la bienfaisante périodicité du jour et de la nuit, qui se lie, pour lui, aux alternatives de repos et d'activité : il éprouve je ne sais quel sentiment d'abandon et d'inquiétude quand il ne voit pas remonter sur l'horizon l'astre qui lui verse la chaleur avec la lumière et donne la vie à toute la nature. Les heures de la longue nuit arctique doivent paraître bien lentes aux matelots, condamnés à un loisir forcé et enfermés dans les flancs de leur vaisseau. Dans cette étroite retraite, ils combattent avec peine les rigueurs d'un froid cruel; au dehors, tout est ténèbres, mystère et solitude; les vents sifflent avec furie, et les glaces, en se heurtant, se brisent avec des bruits étranges, qui ressemblent à des plaintes confuses et remplissent les âmes les plus courageuses de funèbres pressentiments. Cependant, s'il faut en croire les navigateurs arctiques, on s'habitue peut-être plus facilement à l'obscurité continuelle qu'au jour sans fin qui lui succède. La nuit amène avec elle une sorte de langueur et d'engourdissement; mais il semble que cette lumière incessante et perpétuelle, cette netteté même qu'elle imprime à tous les objets, aient quelque chose d'implacable et d'irritant : il y a dans les teintes amoindries du soir comme une douceur secrète qui appelle le repos. Les ressorts de la pensée se détendent avec le jour qui s'évanouit. La nuit n'est point une tyrannie de la nature, elle en est un bienfait.

C'est pendant les périodes crépusculaires que les paysages arctiques ont peut-être l'aspect le plus étrange et le plus poétique. Qui n'a ressenti le charme de ces instants, pour nous si fugitifs, quand le soleil a disparu, lorsque les ombres indéfiniment prolongées ont enfin tout envahi? Quelques rares étoiles brillent dans le ciel, dont l'azur s'assombrit par degrés; on reconnaît encore les objets, mais ils sont en quelque sorte indistincts et comme noyés dans d'épaisses vapeurs. Dans les zones polaires, cette lueur douteuse et inégale remplit le ciel durant des jours entiers; les vastes plaines de glace et de neige, les sombres falaises des rivages, qui ne s'ouvrent que pour laisser passer les glaciers, se revêtent alors d'un caractère imposant et mélancolique. La nature du Nord a d'ailleurs ses singularités comme ses aspects pittoresques. Tout le monde a entendu parler du mirage : les illusions étranges qu'il détermine se lient presque toujours dans notre pensée aux souvenirs de la fameuse campagne d'Egypte, où elles égarèrent mainte fois l'armée française pendant ses pénibles marches à travers les sables du désert. Les pays chauds ne sont pas le théâtre exclusif de ce phénomène. C'est dans les régions polaires et pendant l'été arctique qu'il se déploie avec une magnificence dont rien n'approche, avec une variété qui défie toute description.

Dans l'état ordinaire de l'atmosphère, les couches d'air diminuent de densité à mesure que l'on s'élève au-dessus de la terre; mais il peut arriver que par suite de l'échauffement rapide et excessif du sol les couches d'air qui sont en contact avec lui s'échauffent considérablement et deviennent ainsi moins denses que celles qui sont plus élevées. Comme les déviations qu'un rayon de lumière subit en traversant plusieurs couches d'air sont en rapport intime avec la densité de ces couches, il arrive que les rayons qui viennent de l'horizon se courbent et finissent par s'y réfléchir comme dans de véritables miroirs : l'œil voit alors dans le ciel des images renversées au bord de l'horizon, et nécessairement très fugitives. Les couches d'air qui les produisent sont dans l'état d'équilibre le plus instable, puisque les plus légères sont au-dessous des plus pesantes : le moindre mouvement qui se propage, le plus léger changement de température, ont pour effet d'abaisser, d'élever, souvent même d'incliner ces sortes de miroirs aériens : tantôt les images se confondent en partie avec les objets et les recouvrent, tantôt elles s'en séparent; tout est déformé, en largeur comme en hauteur. Souvent une deuxième image redressée s'élève par-dessus la première, parfois même on en voit encore une troisième affaiblie et de nouveau renversée.

Les conditions les plus favorables à ce phénomène du mirage se réalisent au plus haut degré dans les zones glaciales. Au refroidissement excessif et continu de l'hiver succèdent en effet les longues ardeurs d'un soleil qui ne descend pas au-dessous de l'horizon. Il devient souvent complètement impossible aux navigateurs de se rendre compte, à une certaine distance, de la véritable configuration des côtes, et ils se trouvent ainsi privés d'un moyen de reconnaissance très précieux. Quelquefois le mirage a été cause des erreurs les plus graves : c'est ainsi que sir John Ross annonça, en revenant de son premier voyage, en 1818, qu'il avait trouvé le détroit de Lancastre fermé à l'horizon par une chaîne de montagnes, et qu'il fallait renoncer à l'espérance du fameux passage du nord-ouest. Ce fut sans doute un effet de mirage qui causa cette illusion, qui, plus tard reconnue, fut pour un temps fatale à la réputation de celui qui en avait été la victime.

Si le mirage est pour les navigateurs arctiques l'origine de beaucoup de mécomptes en les enveloppant de mille apparences trompeuses, il est aussi pour eux la source des plus vives impressions. Dans toutes leurs relations de voyage, on sent percer une admiration mêlée d'étonnement en présence de ces jeux admirables de la nature, à qui il suffit de mouvoir les couches invisibles de l'air pour créer des horizons nouveaux et suspendre un monde fantastique aux bornes du monde véritable. Qiu de nous n'a jamais, dans les lignes arrondies ou les contours bizarres des nuages, cherché à construire des formes ou à saisir de lointaines ressemblances? Surtout quand la mer est recouverte au loin de ces montagnes de glace flottante, voyageurs lents et gigantesques qui se promènent au gré de courants souterrains, les horizons arctiques donnent comme une réalité vivante à ces rêves et à ces fantaisies de l'imagination. Tantôt on croit apercevoir les ruines amoncelées d'une cité de géants; l'œil reconnaît çà et là, dans le vague du lointain, des colonnes encore debout sur des piédestaux irisés, des portiques gigantesques, des aiguilles blanches pareilles à des obélisques, qui dressent leur ligne aiguë dans le ciel et appuient leur pointe contre d'autres obélisques renversés. Parfois les frissons du vent impriment à toute cette architecture des ondulations légères, comme si un tremblement souterrain venait ébranler à la fois la cité terrestre et la cité aérienne. Un moment après, tout disparaît comme par enchantement : encore un instant, et tout reparaîtra sous des formes nouvelles; ce ne seront plus que d'immenses rochers en tables ou en assises grossières, des dolmens druidiques, des murailles massives et radieuses où s'ouvrent des grottes sombres, qui semblent conduire à un monde inconnu. Ces scènes magiques rompent la triste monotonie des voyages arctiques : là où la terre n'a plus rien qui puisse charmer les yeux, le ciel peut encore créer des spectacles nouveaux et saisissants.

Mais il est temps de parler des glaces et de tous les phénomènes qui sont liés à la formation et aux mouvements de ces masses flottantes. On sait quelle influence le relief et la configuration des terres ont sur la météorologie d'une contrée; aussi importe-t-il de donner d'abord un aperçu rapide de la géographie des régions polaires. Si l'on soit sur un globe terrestre le prolongement septentrional des continents de l'Europe, de l'Asie et de l'Amérique, on verra que les portions de ces continents qui dépassent le cercle polaire dessinent une sorte d'anneau grossier, dont les bords intérieurs sont très irréguliers. Le cercle polaire entre dans la Suède au-dessous des îles Loffoden, au pied des vastes glaciers de Fondalen, sépare la Laponie de la Finlande, pénètre dans la Mer-Blanche, et traverse ensuite toute la Russie et l'Asie septentrionales en coupant presque

I. — CONFIGURATION ET CLIMAT DES RÉGIONS POLAIRES.

à angle droit les grands fleuves qui descendent vers l'Océan-Glacial, la Petchora, l'Obi, le Raz, l'Ienissei, l'Anabara, l'Olenek, la Lena, l'Iano, l'Indigiska, la Rovina. En dépassant le détroit de Behring, il divise l'Amérique russe, franchit la rivière Mackenzie, le lac Grand-Ours, le pays des Esquimaux, le canal de Fox, l'île Cumberland, le détroit de Davis; il tronque ensuite la partie méridionale du Groenland, qui avance sa pointe dans l'Océan-Atlantique, et vient raser le Cap-Nord, qui forme l'extrémité la plus avancée de l'Islande.

Les portions du continent européen et asiatique comprises dans la zone glaciale sont à peu près connues, ainsi que le Spitzberg, la Nouvelle-Zemble et les îles de la Nouvelle-Sibérie. A l'exception de la ligne profondément découpée des *fiords* de la Norvège, qui forme comme une barrière à demi détruite et minée par l'Océan, les côtes de cette zone sont presque partout basses et unies. Le grand continent asiatique semble descendre par degrés sous la mer et lui verse les eaux de ses grands fleuves, qui descendent ses pentes régulières en lignes presque parallèles. Si ces immenses artères s'ouvraient librement sur des mers navigables, des villes riches et populeuses viendraient se grouper sur leurs rives; mais leurs eaux infécondes vont se perdre dans l'Océan-Glacial, et ne baignent que des contrées incultes, presque désertes, périodiquement désolées par les débâcles et les inondations causées par les glaces qui emprisonnent les embouchures : lieux d'exil et de châtiment, où les rigueurs d'un régime despotique s'ajoutent à celles de la nature. Les côtes et les plaines de l'Amérique septentrionale ont le même caractère de monotonie que celles de la Sibérie : ici encore le continent se perd insensiblement sous les mers arctiques; seulement les inégalités de son relief ont donné naissance à des mers intérieures ou baies réunies entre elles par des canaux et des détroits. Qu'on se figure une surface presque plane, mais couverte en tout sens de rides et de bosselements légers: à demi plongé dans l'eau, son niveau y tracerait les méandres les plus capricieux, et l'on aurait dans ces lacs, ces îles irrégulières, ces détroits sinueux, une miniature des parties les plus septentrionales de l'Amérique. Les dépressions qui servent de lit à ce qu'on nomme modestement les baies de ces régions sont véritablement énormes. Les baies de Baffin et d'Hudson ont plus de trois cents lieues dans leur plus grande étendue; le grand canal qu'on nomme le détroit d'Hudson a cent soixante-dix lieues de longueur.

La presqu'île du Groenland forme un contraste frappant avec ces contrées basses qui s'étendent au-delà du Labrador. Deux chaînes de montagnes qui viennent se croiser à son extrémité méridionale en ont marqué le relief; l'intérieur des terres est montueux, et les côtes sont anfractueuses et dentelées comme celles de la Norvège, qui leur font face de l'autre côté de l'Atlantique. Il y a bien des siècles que le flot de la mer bat ces noires et gigantesque falaises : les révolutions qui les ont fait surgir du fond des eaux se perdent dans la nuit des temps géologiques. Nos dates et nos ères s'effacent devant ces monuments, qui ne mesurent point les années de l'homme, mais les âges d'un monde.

Il est très intéressant d'étudier l'étendue et la distribution des glaces pendant la saison d'hiver dans toute cette zone boréale : elles remplissent et ferment complètement tous les passages dans ce qu'on pourrait nommer le grand labyrinthe arctique, depuis les approches des détroits d'Hudson et de Davis jusqu'aux plages inconnues du pays de Banks. On conçoit aisément combien ces régions basses et entrecoupées se prêtent à une pareille accumulation : les courants y sont peu rapides; quand les premières glaces se brisent, leurs débris viennent s'arrêter à l'entrée de quelque étroit canal, où le froid les ressoude presque aussitôt. Terres et eaux se couvrent bientôt d'un immense manteau de neige et de glaces, et cette solitude désolée n'a pas moins de huit cents lieues de longueur dans sa plus vaste étendue. En même temps une ceinture de glaces borde les côtes de l'Amérique russe, ainsi que les alentours du détroit de Behring et du Kamtchatka jusque vers son extrémité méridionale. Elles s'étendent à une énorme distance tout le long de l'Asie, unissent au continent les terres abandonnées de la Nouvelle-Zemble et de la Nouvelle-Sibérie, remplissent toute la Mer-Blanche et s'étendent sur la côte orientale de la Laponie. Enfin une vaste plaine glacée unit le Spitzberg et la partie occidentale de l'Islande aux rives inhospitalières du Groenland.

Si l'on peignait d'une même couleur sur un globe terrestre toutes les régions arctiques qui, pendant l'hiver, sont recouvertes par les glaces, l'observateur le plus inattentif ne pourrait manquer d'être frappé par certaines singularités de leur contour : des côtes situées à la même latitude peuvent être, l'une complètement libre, l'autre défendue par une large barrière de glaces. C'est que la température d'une contrée ne tient pas seulement à son éloignement du pôle; elle est aussi en rapport avec sa configuration, avec la distribution relative des terres et des eaux et avec les grands mouvements qui se produisent dans le sein des mers sous le nom de courants. Tout le monde sait que les eaux échauffées sous l'équateur se répandent vers le pôle et que les glaces du nord viennent se fondre dans les zones tempérées : il se fait ainsi un perpétuel échange de froid et de chaleur qui tend à niveler les températures, et l'on peut dire de la mer qu'elle est le grand modérateur des saisons. A mesure qu'on pénètre dans l'intérieur des terres, ces influences régulatrices s'effacent, et la tendance aux températures extrêmes se prononce. M. de Humboldt a depuis longtemps développé ces admirables relations naturelles et distingué ce qu'on peut nommer les climats *insulaires* ou *maritimes* des climats *continentaux*.

Le grand courant chaud, connu sous le nom de *gulfstream*, prend naissance dans le golfe de Floride, suit quelque temps les côtes de l'Amérique, puis s'infléchit fortement, vient passer entre l'Islande et les îles Hébrides, rase la Norvège méridionale et va rencontrer la Nouvelle-Zemble. Pour donner une idée de l'importance de cette masse d'eau, il suffira de dire que si l'atmosphère entière de la France et de l'Angleterre était à la température de la glace fondante, la chaleur que le *gulfstream* vient verser en un seul jour dans les mers arctiques l'élèverait aux températures de nos étés les plus ardents. Par un contraste bien fait pour étonner, c'est pendant que l'hiver exerce ses rigueurs dans la zone boréale que le courant chaud y pénètre le plus profondément. A cette époque, le grand contre-courant qui charrie pendant l'été les glaces polaires vers le sud se trouve arrêté : ces glaces restent encore attachées aux rivages et remplissent les grands fleuves de l'Asie. Il faut se rappeler d'ailleurs que la glace qui se fond absorbe, aux dépens de ce qui l'environne, une certaine quantité de chaleur, que les physiciens nomment chaleur latente; au contraire, une grande masse d'eau, au moment où elle se convertit en glace, devient une véritable source de chaleur, ce qui ne peut laisser que de paraître bien extraordinaire à ceux qui sont habitués à considérer le chaud et le froid comme deux puissances antagonistes et rivales. Il arrive ainsi que le courant chaud se refroidit plus rapidement quand les glaces flottantes, entraînées dans leur mouvement vers le sud, viennent s'y fondre que lorsqu'il va seulement réchauffer les eaux polaires. Pendant l'hiver, il contourne de loin jusqu'à une très grande distance les côtes de l'Asie, tandis qu'au printemps et en été il est arrêté entre la Nouvelle-Zemble et le Spitzberg.

Les îles Cherry, situées entre le Cap-Nord et le Spitzberg, sont bien placées pour donner une preuve de l'influence que le *gulfstream* exerce pendant l'hiver. Le soleil y reste cent trois jours sous l'horizon : pendant cette longue nuit, le temps y est fort doux, et on y a vu tomber de la pluie le jour de Noël. Leur latitude est pourtant la même que celle de l'île Melville, où le froid est si intense que le mercure y gèle pendant cinq mois consécutifs. On ne s'étonnera pas dès lors que la mer ne soit pas prise plus fréquemment dans le port de Bergen, en Norvège, que la Seine à Paris.

Avec le printemps arrive la débâcle; les grands fleuves se déchargent, les glaces commencent leur migration vers le sud, qui continue pendant tout l'été, et qui fait, si l'on peut s'exprimer ainsi, reculer le *gulfstream*. Il faut en chercher les réservoirs les plus immenses sur les côtes de Sibérie et d'Asie, puis dans le grand labyrinthe arctique. Le courant asiatique dépasse le pôle et descend le long du Groenland oriental en passant des deux côtés du Spitzberg : les glaces rencontrent alors le courant équatorial qui les rejette et qui protège contre elles les côtes de l'Europe. Aussi Léopold de Buch observait-il en 1816 qu'il fallait s'éloigner de 20 à 30 lieues marines des derniers promontoires de la Laponie avant d'apercevoir, bien loin à l'horizon, quelques îlots de glace. On sait d'ailleurs qu'en Europe les hivers sont extrêmement doux, quand on les compare à ceux qui règnent aux mêmes latitudes de l'autre côté de l'Atlantique. Ce contraste avait frappé d'un étonnement douloureux ces hommes courageux qui allèrent les premiers dans l'Amérique du Nord jeter les fondements de ces colonies qui devaient si vite s'ériger en rivales indépendantes de la métropole, et auxquels leurs descendants donnent encore aujourd'hui ce nom touchant, dont le sentiment est presque intraduisible, *pilgrims fathers*, « nos pères les pèlerins. »

En même temps que s'établit le grand courant asiatique,

I. — CONFIGURATION ET CLIMAT DES RÉGIONS POLAIRES.

les radeaux de glace qui encombrent le labyrinthe arctique se fraient péniblement un chemin par les canaux sinueux de ces régions : quand ils débouchent dans la vaste baie de Baffin, ils vont s'accumuler sur les côtes occidentales, sans doute à cause du mouvement de rotation de la terre, et laissent libre un passage étroit et difficile le long du Groenland. A la hauteur du Labrador, ces glaces charriées viennent se mêler à celles qui viennent des côtes de la Sibérie, et elles descendent ensemble vers les zones tempérées. Enfin un troisième courant glacé, d'une importance bien moindre, sort par le détroit de Behring et descend tout le long de la côte du Kamtchatka.

Cependant il ne suffit pas de tracer les routes suivies par les glaces polaires; il faut en étudier de plus près la formation, les vicissitudes et les effets mécaniques pour donner une juste idée des périls auxquels s'exposent les navires engagés dans ce dédale mobile. Supposons-nous transportés, vers la fin de l'été, dans quelque partie du labyrinthe polaire, à l'entrée, par exemple, du canal de Wellington, si obstinément et si infructueusement exploré dans ces dernières années par les navigateurs envoyés à la recherche de sir John Franklin. Les premières couches de glace mince qui se forment pendant le mois de septembre sont presque aussitôt brisées par le mouvement des vagues et flottent quelque temps en fragments irréguliers; on les voit bientôt se réunir peu à peu et se ressouder graduellement les unes aux autres. Cette surface, d'abord très fragile, se consolide rapidement, et les froids deviennent si intenses, que dès le mois d'octobre elle a déjà près de deux pieds d'épaisseur; la glace, autrefois granulaire et spongieuse, a acquis la ténacité et la dureté du roc. Il ne tombe point de neige jusqu'au mois de novembre : à cette époque, une fine et blanche poussière commence à tourbillonner dans le ciel et à recouvrir la grande plaine de glace. C'est vers le mois de décembre, quand ces masses solides ont atteint plusieurs pieds d'épaisseur et pris leur plus haut degré de consistance, que se déploient, dans toute leur grandeur, ces actions dynamiques qui font courir aux navires un perpétuel danger. Heureux ceux qui sont à l'abri dans quelque profonde anfractuosité de la côte, ou même emprisonnés au milieu d'une des vastes plaines de glace ! quand ils sont engagés dans les canaux étroits qui séparent ces grandes îles mouvantes, ou le long de la ceinture étroite de glaces immobiles qui bordent les rivages, leur position est vraiment effrayante. On comprend à peine que le vaisseau le plus solidement construit puisse résister à la pression de ces masses gigantesques, d'une étendue souvent immense et épaisses de plusieurs pieds, quand leurs longues marges viennent à se heurter. Il est difficile de se faire une idée de la puissance d'un semblable choc. Quand cette rencontre redoutable a lieu, on entend de sourds murmures, des craquements et des grincements aigus. Ces blanches plaines, tout à l'heure si unies et si monotones, s'agitent; la neige se met en mouvement et semble onduler; des fissures s'ouvrent dans toutes les directions; on entend les bruits les plus étranges, pareils à des voix et à des cris que les marins, dans leur langage toujours trivial, mais souvent pittoresque, comparent aux jappements de jeunes chiens. Tout le long des fissures, les glaces se brisent avec fracas et s'élèvent en tables gigantesques : elles montent et s'élancent comme à l'assaut les unes des autres. Les parois, un moment soulagées par cette explosion, se rapprochent de nouveau et recommencent à presser l'une contre l'autre; de nouvelles ruptures se produisent, de grandes tables sont de nouveau rejetées; au bout de quelques minutes, l'horizon entier est sillonné par de longues murailles de débris. Tantôt ces murailles sont formées par des blocs à demi broyés et empilés au hasard, tantôt leurs assises rectangulaires ont des faces si nettement tranchées et sont si régulièrement superposées, que la pensée se refuse à y voir l'œuvre d'un cataclysme instantané et violent. C'est ainsi qu'on se figure, radieuses et diaphanes, les murailles d'émeraude du palais fabuleux d'Odin, où les guerriers du Nord, assis à la table de leur éternel festin, racontent leurs merveilleux exploits.

Les fissures de ces vastes surfaces sont bientôt ressoudées par le froid, et leurs parties, un moment séparées, se rattachent. A chaque rencontre avec une plaine flottante, elles se brisent de nouveau et se hérissent de nouvelles murailles. Une de ces îles, après un certain temps, n'est plus qu'une immense mosaïque composée de champs de glace de tout âge et de toute épaisseur, dont les divisions se trouvent marquées par de longues crêtes aux formes les plus singulières, et souvent assez élevées pour borner l'horizon.

Au printemps, quand la débâcle commence, et que les passages, longtemps obstrués, se débarrassent peu à peu, cette absence d'homogénéité favorise singulièrement la rupture des plaines de glaces et la séparation de leurs diverses parties. C'est alors surtout que la topographie de ces îles éphémères varie presque perpétuellement; aussitôt qu'une fissure se produit, des blocs détachés qui flottaient à leur partie inférieure remontent, et, comme des coins, maintiennent les séparations. La décomposition de ces grandes masses rend ainsi leurs mouvements beaucoup plus faciles, et ces mouvements à leur tour, par les chocs qu'ils produisent et les ruptures qui en sont la suite, accélèrent cette décomposition.

Ce sont les glaces superficielles qui font courir aux navires les dangers les plus sérieux et les plus permanents; mais ils ont encore à redouter les grandes montagnes qui descendent des glaciers et qui encombrent fréquemment les alentours du Groenland et la baie de Baffin. Presque toute la péninsule du Groenland est couverte de neiges perpétuelles; les deux chaînes qui bordent les côtes, et dont les découpures profondes forment les *fiords*, servent de réservoir à de gigantesques glaciers, auprès desquels ceux des Alpes sont bien petits. Les vallées transversales qui leur servent de lit sont très encaissées, et les cimes qui les couronnent ont, depuis le cap Farewell jusque vers la baie de Disco, située à la latitude de 70 degrés, entre 500 et 1200 mètres de hauteur. Au-delà, la côte semble s'abaisser un peu jusqu'au fond de la baie de Baffin. Sur la rive orientale, le rivage a les mêmes caractères, et les côtes vues par Scoresby à la latitude de 78 degrés étaient encore assez hautes.

Le cap Farewell ou des Adieux, qui forme l'extrémité méridionale de cette vaste péninsule, est le point où se sont croisés les deux systèmes de montagnes qui ont marqué le relief du Groenland, pour employer une expression aujourd'hui consacrée par l'autorité de M. Elie de Beaumont. Il oppose aux flots de l'Océan la haute barrière de ses falaises abruptes et rappelle complètement, par toutes les particularités de sa position, le cap de Bonne-Espérance et le cap Comorin. Ce n'est qu'à *Baal's-River* et à *Godhaab*, les premiers points habités de la côte occidentale, qu'on commence à apercevoir les glaciers. Ils ne s'avancent pas encore directement jusqu'à la mer, et descendent seulement par des gorges étroites jusque dans les *fiords*. Les golfes profonds des environs d'Holsteinbourg leur servent pareillement de réservoirs.

A la latitude de 70 degrés, où le niveau moyen de la côte s'abaisse légèrement, commence le gigantesque glacier qui borde presque sans interruption tout le fond de la baie de Baffin. Si l'on comparait les glaciers de la partie inférieure du Groenland aux rivières qui descendent des montagnes en suivant la ligne des vallées, ou plutôt, à cause de la lenteur de leur mouvement, aux coulées de laves qui sillonnent les pentes des volcans, alors l'immense accumulation de ces glaces qui viennent descendre dans le fond de la baie de Baffin rappellerait à l'esprit une véritable inondation, ou bien ces grandes masses éruptives qui, dans les anciennes révolutions du globe, se répandaient tumultueusement sur d'immenses étendues. Dans ces hautes régions arctiques, les falaises sont ordinairement droites et profondes, et le glacier, en débouchant lentement de la haute vallée où il se trouvait encaissé, demeure en surplomb dans la mer ; peu à peu le poids de cette masse ainsi suspendue, constamment minée par les eaux salées à sa partie inférieure, devient si considérable, qu'elle se brise et se détache avec une détonation plus forte qu'un coup de canon. La montagne ainsi détachée chancelle et se balance jusqu'à ce qu'elle ait atteint son équilibre, elle devient le centre d'ondulations d'abord effrayantes, et qui, se calmant par degrés, continuent quelquefois pendant des heures. Ces géants de glace bloquent les rivages ou sont entraînés au gré des courants jusqu'à ce qu'ils soient entièrement fondus.

C'est dans la baie de Baffin qu'on rencontre les montagnes flottantes les plus considérables. Les plus hautes montagnes de glace qu'on ait vues sur les côtes occidentales du Groenland n'avaient que 40 mètres de hauteur ; Scoresby dans la mer du Spitzberg, Beechy dans la baie de la Madeleine, en ont aperçu de 70 mètres de haut. Dans la baie de Baffin au contraire, sir John Boss en a mesuré dont la hauteur dépassait 100 mètres et qui avaient plus de 400 mètres de longueur. On se fera une idée véritable des dimensions de tels blocs, qu'on peut bien sans exagération nommer des montagnes, en songeant que la partie qu'on voit au-dessus de l'eau n'est à peu près que le quart de leur masse totale. Encore paraissent-elles quelquefois plus colossales qu'elles ne le sont véritablement, par suite d'une illusion d'optique qui se renouvelle à chaque instant dans les pays arctiques. On en trouve des exemples presque incroyables dans les relations des navigateurs : j'en citerai un entre cent. Une montagne de glace, jugée haute de 100 mètres à l'œil, n'avait en réalité que trente mètres de hauteur, comme le firent voir des mesures trigonométriques exactes. Souvent on aperçoit une montagne que l'on croit assez rapprochée, et l'on se trouve tout découragé quand après une heure de marche pénible sur la glace ses dimensions n'ont pas sensiblement changé. A quoi tiennent ces étranges illusions? Est-ce seulement à l'état toujours variable d'une atmosphère humide et trompeuse? Scoresby les attribue à une augmentation de la distance apparente des objets. Sans doute nos idées de grandeur sont liées aux idées de distance, et nous apercevons sous le même angle visuel des objets de grandeur inégale, parce qu'ils sont inégalement éloignés; mais à quoi tient précisément cette fausse appréciation des distances dans les pays arctiques? On sait d'ailleurs que dans les plaines de l'Egypte la masse colossale des pyramides produit, quand on s'en approche, les mêmes illusions et le même désappointement. C'est sans doute l'isolement des pyramides au milieu des sables du désert, comme celui des montagnes de glace sur la mer ou sur les vastes plaines de neige où elles sont souvent emprisonnées, qui est la cause de ces déceptions. Sur ces immenses surfaces désertes, où tout point de comparaison manque, l'œil ne sait plus mesurer les objets.

La forme des montagnes de glace est extrêmement variable, et l'aspect seul permet de juger jusqu'à un certain point de leur âge et des vicissitudes qu'elles ont subies. Quand elles sont détachées depuis peu de temps, elles reposent sur la mer en immenses tables horizontales, et l'on voit encore à leur partie supérieure, incrustés dans leurs flancs, les débris de roches entraînés dans le mouvement du glacier. Quand le fond de ces grandes masses tabulaires n'est pas horizontal au moment de leur rupture, elles basculent aussitôt qu'elles sont séparées et présentent alors une longue pente ondulée qui descend souvent jusqu'au niveau de l'eau et se termine par une falaise abrupte et brillante. Quand elles sont arrêtées dans les glaces, on peut les gravir par cette grande côte inclinée, et parvenir jusqu'à leur cime. A la longue, la mer creuse à la base de ces montagnes de profondes excavations; l'action de l'air et de l'eau les dégrade : leur ligne de flottaison change, et quand elles s'inclinent, on voit sur leur côté une série de cannelures qui marquent les anciennes lignes de niveau. A mesure que l'œuvre de décomposition avance, leurs formes deviennent plus étranges et plus pittoresques; des tours à demi ruinées sont unies par des ponts naturels aux arches colossales; des terrasses superposées servent de réservoir à l'eau fondue qui tombe en minces cascades ; des stalactites sont pendues à des pointes grotesques et difformes. Rien n'est imposant comme de voir passer ces monstres gigantesques, souvent si nombreux qu'on se fatigue à les compter. La lumière joue de mille manières sur leurs faces d'un blanc si mat, que de loin ils ressemblent à des masses d'argent fondu. Quand le soleil est très près de l'horizon, ils sont baignés d'une lumière rose et pourprée, nuancés des teintes les plus harmonieuses. Il faut renoncer à peindre la pure et tranquille majesté de ces grandes montagnes mouvantes; les courants qui les entraînent sont si puissants, qu'elles marchent souvent contre le vent, et même contre les trains de glace flottante. Dans le nombre, quelques-unes élèvent démesurément leurs cimes, géants qui conduisent d'autres géants. Quelquefois, par suite d'une rupture soudaine, on voit l'une d'elles s'arrêter et se balancer un moment en cherchant son nouvel équilibre : un instant après, elle reprend sa marche lente, et la troupe serrée va se perdre peu à peu dans le vague de l'horizon.

II. — PREMIÈRES DÉCOUVERTES ARCTIQUES.

C'est entre ces montagnes menaçantes et ces grands radeaux de glace, qui viennent souvent barrer leur passage, que les navires sont obligés de se frayer péniblement un chemin. Aujourd'hui même, à une époque où sont fixés les traits principaux de la géographie arctique, où les courants, les grandes routes suivies par les glaces sont connues, on ne peut s'empêcher de ressentir une admiration profonde pour ceux qui vont s'exposer à de pareils dangers; mais l'admiration se mêle d'étonnement et de terreur quand on se rappelle les premiers aventuriers qui, sur de frêles embarcations, allèrent explorer pour la première fois ces régions abandonnées, confins mystérieux de notre monde.

Insuetum per iter gelidas enavit ad Arctos.

Trois époques peuvent être distinguées dans l'histoire des expéditions arctiques : — l'une qui s'étend du XVIe siècle au XIXe,

II. — PREMIÈRES DÉCOUVERTES ARCTIQUES.

— l'autre qui commence avec ce siècle et s'arrête avec le dernier voyage de Franklin, — la troisième, remplie par les expéditions chargées de rechercher ce malheureux navigateur, et que marque la découverte du passage du Nord. Les tentatives des deux premières époques ne comportent guère qu'un exposé rapide, et notre attention se portera particulièrement sur les résultats de la troisième.

Un historien islandais a revendiqué pour ses compatriotes la gloire d'avoir abordé au Groenland et au Labrador, et d'avoir ainsi découvert le Nouveau-Monde bien longtemps avant la fameuse expédition de Christophe Colomb. Les traditions anciennes sur lesquelles il s'appuie ont un caractère trop vague pour que l'histoire puisse les enregistrer, et les explorations sans but et sans résultat de quelques pêcheurs égarés ne peuvent être mises en comparaison avec la tentative féconde de celui qui fraya à l'Europe le chemin d'un monde nouveau. Une conquête qui s'ignore elle-même n'est pas une conquête. Le premier navigateur qui pénétra volontairement dans la zone glaciale fut Sébastien Cabot. Aussitôt après la première expédition de Colomb, son père, John Cabot, marchand vénitien établi à Bristol, avait résolu d'aller explorer ce nouvel hémisphère que l'imagination crédule de cette époque considérait comme un nouvel Éden, où devaient abonder toutes les richesses, et dont la splendeur allait faire pâlir celle même des Indes et de l'empire fabuleux de Cathay. Il obtint en 1496, du roi Henri VII, la concession, comme on dirait aujourd'hui, pour lui et tous ses descendants, de tous les pays où il irait planter le drapeau anglais, à la charge seulement de payer un tribut perpétuel. La générosité calcule rarement avec l'avenir et l'inconnu. John Cabot emmena avec lui son fils Sébastien. Dédaignant de suivre la route ouverte par Colomb, ils s'engagèrent dans un chemin nouveau et des latitudes inconnues, et touchèrent pour la première fois le sol de l'Amérique, sur la côte du Labrador, un an avant que Colomb, dans son troisième voyage, n'arrivât lui-même en vue du véritable continent. Sébastien retourna en Angleterre pour rendre compte de sa découverte; après une seconde expédition, la rigueur excessive du climat sur ces côtes étranges et inhospitalières le fit bientôt renoncer à l'espoir d'y fonder un établissement.

Renonçant à l'espoir de régner sur le nouvel empire qu'une

munificence royale lui avait à l'avance abandonné, Sébastien Cabot tenta plus tard de chercher dans les latitudes élevées le passage pour arriver aux Indes, et, il faut le dire à sa gloire, il ne se laissa point effrayer par les dangers si nouveaux alors des mers arctiques. Il se fraya intrépidement un chemin là où encore aujourd'hui les marins ne s'engagent qu'avec précaution, et pénétra jusqu'au milieu de la baie d'Hudson. La mutinerie seule de ses matelots put l'arrêter et le forcer au retour, lorsqu'il croyait avoir touché le but, au moment où, sur cette mer sans horizon, il pensait n'avoir qu'à ouvrir ses voiles pour être conduit vers l'Océan-Indien. La postérité a été injuste pour ce hardi navigateur : l'histoire de sa vie, si émouvante et si remplie, est mal connue et pleine de lacunes; aucune relation de ses voyages n'est venue à nous. On ignore jusqu'au lieu où repose sa tombe, et l'œil qui se promène sur une carte de ces régions qu'il ouvrit au monde n'y rencontre même pas son nom.

Au lieu de chercher le passage aux Indes par l'ouest, Willougby et Chancellor tentèrent d'y arriver par l'est, en doublant les promontoires les plus élevés de la Laponie. Ce fut Sébastien Cabot lui-même qui dicta les instructions de cette nouvelle expédition. Chancellor arriva jusqu'au port d'Arkhangel et découvrit la Russie septentrionale; mais il ne poussa pas plus loin et revint chercher ses compagnons. Il trouva leur vaisseau dans une baie profonde de la Laponie orientale : tous les hommes étaient morts de froid et de faim. Le malheureux Willougby, couché dans sa cabine, tenait encore dans sa main le journal du bord, qu'il avait écrit jour par jour jusqu'à ce que ses forces l'eussent abandonné.

C'est surtout à partir du règne d'Elisabeth que la recherche du passage du Nord devint pour l'Angleterre une entreprise véritablement nationale. L'orgueilleuse rivale de l'Espagne donna à sa marine un développement extraordinaire, encouragea le commerce, favorisa toutes les expéditions lointaines : l'étude de la géographie devint une science populaire, et sir Humphrey Gilbert, qui plus tard se perdit si malheureusement sur les côtes de Terre-Neuve, écrivit lui-même un livre pour démontrer l'existence du passage du Nord. Le comte de Warwick donna deux petits navires à Martin Frobisher, qui dès longtemps nourrissait le désir d'aller explorer les mers où Cabot seul était entré avant lui. Frobisher estimait que la découverte du passage « était la seule chose qui

II. — PREMIÈRES DÉCOUVERTES ARCTIQUES.

n'eût pas encore été accomplie, et qui pût satisfaire une âme élevée et la rendre glorieuse. » Il pénétra vers le 66e degré de latitude dans un large canal, et crut pendant quelque temps que ce détroit séparait les côtes de l'Amérique et de l'Asie, et qu'il allait déboucher dans l'Océan-Indien. Cette illusion, qui témoigne bien de l'état des connaissances géographiques à cette époque, ne fut pas de longue durée : Frobisher fut contraint de revenir et ne rapporta de son voyage que quelques échantillons de terres et de roches. Dans la pensée des hommes de ce siècle, la découverte des métaux précieux était liée intimement à celle même du nouveau continent, qu'ils ne regardaient que comme une mine immense et d'une richesse inépuisable. Les terres rapportées par Frobisher furent examinées par des raffineurs de Londres, qui, peut- être trompés par l'éclat de quelques grains de pyrite, déclarèrent qu'elles contenaient de l'or. Désormais le voyage cessait d'être une déconvenue : ce n'est plus un passage, c'est un nouvel Eldorado qu'il s'agissait de découvrir sous les glaces et les neiges.

Une escadre fut aussitôt formée, et la reine Elisabeth donna un vaisseau de sa propre marine. Frobisher dirigea encore la nouvelle expédition, et ne se laissa point arrêter par les difficultés d'une navigation extrêmement périlleuse dans des mers hérissées de montagnes de glaces. Il ne put néanmoins arriver cette fois aussi loin que dans son premier voyage : on se contenta de débarquer sur les côtes de l'Amérique et de remplir les vaisseaux d'une terre noirâtre ; elle devait, à n'en pas douter, contenir de l'or, car on avait trouvé sur les lieux beaucoup d'araignées. Les araignées passaient à cette époque pour avoir la vertu singulière de marquer la place du précieux métal, et les chercheurs d'or furent pendant des siècles les dupes de cette superstition bizarre, dont rien ne peut révéler l'origine ni le sens.

Dès le retour de l'expédition, et avant même de s'assurer si la terre qu'on avait rapportée remplirait toutes ses promesses, on équipa une nouvelle escadre formée de seize vaisseaux. Il fut résolu qu'on fonderait une importante colonie dans ces régions nouvelles, où l'on foulait l'or sous ses pas. Les fils des plus nobles familles s'embarquèrent comme volontaires : on choisit avec le soin le plus extrême ceux qui devaient former le noyau de cette société privilégiée. Contraste étrange, cette terre promise, cet Eldorado arctique ne devait recevoir que des hommes dont la naissance et l'éducation fussent un gage de leur dévouement à la mère patrie! L'Australie au contraire, cet Eldorado moderne, ne fut d'abord peuplée que de condamnés et de criminels! La nouvelle expédition échoua misérablement : les navires coururent les plus grands dangers, et l'un d'eux fut brisé par les glaces; les autres s'égarèrent et furent plusieurs fois séparés. On finit cependant par aborder dans une île où fut trouvée cette terre noire si ardemment convoitée; mais les perplexités de la traversée avaient bien refroidi le zèle des nouveaux colons, qui se décidèrent à retourner en Angleterre avec leur butin. On ne dit pas ce qui fut fait de cette terre cherchée si loin et obtenue au prix de tant de périls. Les erreurs et les mécomptes de la folie humaine s'oublient rapidement. L'histoire n'enregistre que les succès de l'audace, les hasards heureux, et l'homme est toujours prêt à se laisser tromper par de nouvelles illusions et à se précipiter dans de nouvelles aventures.

Les Hollandais, qui à cette époque étaient encore les rivaux de l'Angleterre, poursuivaient avec non moins d'ardeur la découverte d'un passage pour arriver aux Indes. Deux fois dans le XVIe siècle ils cherchèrent à le trouver par le nord-est, entre la Nouvelle-Zemble et la Russie. En 1596, William Barentz hiverna dans le nord de la Nouvelle-Zemble, et l'un des souvenirs de son séjour dans cette île mérite d'être recueilli. Dès le commencement de l'hiver, les glaces de la côte furent peu à peu détachées et finirent par être entraînées au loin vers le nord. Le rivage, au grand étonnement du navigateur hollandais, demeura presque entièrement libre pendant toute la saison. C'est le *gulfstream* qui, pénétrant pendant l'hiver à une distance plus grande, venait ainsi balayer la mer jusqu'à ces latitudes élevées. Ce ne fut qu'après six ans de souffrances inouïes et de tentatives infructueuses que Barentz et son équipage finirent par se sauver sur deux petits bateaux et par aborder à Arkhangel.

Hendrich Hudson fut bientôt envoyé par une compagnie de marchands anglais à la découverte du passage du Nord. Il réussit à suivre les côtes orientales du Groenland jusqu'au 82e degré de latitude, et fut obligé de revenir du côté du Spitzberg. Après une seconde tentative inutile, il se mit au service de la compagnie hollandaise des Indes orientales; il essaya de dépasser la Nouvelle-Zemble, mais les glaces l'obligèrent à se tourner vers l'ouest, du côté du Groenland et de Terre-Neuve. C'est dans ce fameux voyage qu'il découvrit le Cap-Cod, la baie de Delaware et le fleuve d'Hudson. Il revint en Europe, où il dépeignit sous les couleurs les plus enthousiastes les magnifiques contrées qu'il avait explorées; mais ce résultat n'était pas celui que la compagnie hollandaise avait attendu, et nous voyons dès 1610 Hudson s'engager de nouveau au service de l'Angleterre pour rechercher le passage vers l'Océan-Pacifique. C'est pendant ce voyage à jamais mémorable qu'Hudson entra dans le détroit et dans la baie qui portent son nom, et où Cabot seul l'avait précédé. Comme lui, il se crut enfin sur une mer ouverte; mais il vit bientôt qu'elle était fermée de toutes parts, et il parcourut en vain dans toutes les directions ces rivages qui l'arrêtaient. Aucun obstacle ne put décourager son courage et sa patience. Bien que rien ne fût préparé pour un pareil projet, il résolut d'hiverner dans cette mer intérieure pour recommencer ses recherches au printemps; mais comme les provisions s'épuisaient, les matelots se révoltèrent et l'obligèrent au retour. Il y consentit en pleurant. Cependant l'équipage voulait une vengeance : on jeta Hudson dans la chaloupe avec son fils et sept autres matelots restés fidèles à leur maître; le charpentier demanda volontairement à partager son sort. Quand le vaisseau fut sorti des glaces, la corde qui retenait la chaloupe au navire fut coupée, et ces infortunés se trouvèrent abandonnés sur une mer furieuse, sans vivres, sans voiles, sans espérance. Barbarie atroce et inutile, qui excite autant d'étonnement que d'indignation! Cette triste fin, couronnant toute une vie d'audace et de dangers, donne à la figure d'Hudson quelque chose de tragique et de touchant; son nom, pour toujours populaire, est resté attaché au détroit et à la grande baie où il pénétra, et désigne encore l'un des plus beaux fleuves de l'Amérique.

Ce n'est que plus d'un siècle après la mort lamentable de Hendrich Hudson que des découvertes importantes furent faites dans la zone arctique, et, comme les siennes, elle furent signalées par la fatalité et le malheur. En 1741, Pierre le Grand, dont la passion pour la marine est bien connue, envoya Behring explorer les côtes d'Asie. Behring partit d'Ochotsk avec deux vaisseaux et découvrit le célèbre détroit qui sépare l'Amérique de l'Asie. Il aperçut les montagnes du nord-ouest de l'Amérique, traça la ligne de l'archipel des îles Aleutiennes; enfin, toujours battu par de terribles tempêtes, il finit par périr de froid et de fatigue, au milieu des neiges et des glaces, dans une île déserte.

Pendant de longues années, la géographie de la zone glaciale ne fit point de nouveaux progrès : aucune expédition n'y fut envoyée, et le passage du Nord fut presque oublié. Toutes les forces de l'Angleterre étaient absorbées par les impérieuses nécessités des guerres qu'elle soutint à une époque mémorable : il ne pouvait être question de recherches lointaines et de conquêtes pacifiques quand les conquêtes anciennes étaient compromises, et à l'heure suprême où les destinées du monde étaient remises au hasard de la force. Aussitôt cependant que la paix vint mettre un terme à cette longue et opiniâtre lutte d'où l'Angleterre finit par sortir triomphante, l'attention publique fut de nouveau ramenée vers le passage inconnu, et dès les années 1818 et 1819, Ross, Franklin et Parry reprirent le chemin des mers arctiques. Les expéditions se succédèrent depuis cette époque avec tant de rapidité, qu'il serait fatigant de les énumérer par ordre de dates, et qu'il convient peut-être mieux de raconter séparément l'histoire de ces navigateurs modernes dont le nom mérite d'être mis à côté de ceux de Cabot, de Frobisher et d'Hudson. Avec cette histoire commence la seconde époque des expéditions arctiques.

En 1818, le capitaine Ross partait pour les mers du pôle, emmenant avec lui son neveu James G. Ross, Parry et Edouard Belcher, qui tous depuis commandèrent eux-mêmes des expéditions arctiques. C'est dans ce premier voyage qu'il arriva jusqu'au détroit de Lancastre, et crut le voir fermé à son extrémité par une vaste chaîne de montagnes, qu'il nomme les *Croker mountains*. Quand cette erreur singulière fut reconnue par Parry dès l'année suivante, le commandement fut retiré à Ross, et sans la générosité d'un simple particulier, ce capitaine n'aurait jamais pu retourner dans la mer arctique. Un distillateur de Londres, Félix Booth, lui donna généreusement 18,000 livres pour entreprendre un nouveau voyage. Ross partit donc en 1829 au mois de mai, entra dans le passage de Barrow et dans le canal du Prince-Régent; ce fut là qu'il vit le vaisseau *Fury*, que Parry avait été forcé d'abandonner en 1825; les nombreuses et excellentes provisions qu'il y trouva dans un état presque parfait de conservation furent pour lui une ressource vraiment providentielle. La première année, il explora le pays qu'il nomma *Boothia* en souvenir de son généreux protecteur; mais les glaces empêchèrent son départ, et il fut obligé d'hiverner dans le port Félix, à 150 milles au sud du Cap-Parry. Dès le printemps, Ross fit faire une expédition par terre, sur des traîneaux, et recueillit ainsi de nouveaux renseignements sur la géographie de ces contrées. Il ne put pas mieux cette fois dégager son navire des glaces, et il fallut se résoudre à passer un nouvel hiver dans le vaisseau.

Il serait trop long d'entrer dans le détail de tant d'efforts et de misères : Ross passa six hivers de suite dans ces affreuses solitudes, et dès la troisième année la santé de son équipage commença à s'altérer sensiblement; mais Ross et ses compagnons opposèrent le plus héroïque courage à leurs souffrances. Chaque année, ils essayaient, au prix de fatigues sans nombre, d'approcher des parages fréquentés par les pêcheurs de baleine; trois fois il fallut revenir au navire pour reprendre les tristes quartiers d'hiver. Enfin en 1833, ayant quitté Fury-Beach sur des bateaux, ils parvinrent à atteindre la côte orientale du canal du Prince-Régent et à suivre les côtes du passage de Barrow. Au mois d'août, les infortunés furent aperçus par un vaisseau baleinier; le second vint les reconnaître sur un bateau; il leur apprit que son vaisseau était *l'Isabelle*, autrefois commandé par feu le capitaine Ross. Ross eut beaucoup de peine à le convaincre qu'il était lui-même l'ancien capitaine de *l'Isabelle*. Tout le monde en Angleterre le croyait perdu depuis deux ans; il y fut reçu à son retour avec une joie qui alla jusqu'à l'enthousiasme; le parlement lui vota une récompense de 5,000 livres, et le roi le nomma baronnet.[1]

Ce fut pendant la deuxième année de son séjour dans la zone glaciale que Ross envoya une expédition pour déterminer la position du pôle magnétique de la terre, c'est-à-dire le point où l'aiguille d'inclinaison se tient complètement verticale. Tout le monde sait que l'aiguille qu'on nomme de déclinaison, et qui n'est autre que celle qu'on voit dans toutes les boussoles ordinaires, ne marque pas exactement le nord et fait avec sa direction un angle soumis à des variations séculaires et périodiques. A Paris, par exemple, M. Arago avait trouvé pour cet angle la valeur extrême

---

[1] Ce titre fut depuis donné à presque tous les commandants des expéditions arctiques.

de 22 degrés 1/2 vers l'ouest en 1816, et dès 1853, M. Laugier n'observait plus que 20° 17'. Ce n'est pas non plus au pôle de la terre que l'aiguille d'inclinaison magnétique se tient verticale; ce point se déplace aussi d'un siècle à l'autre. En 1831, James Ross, le neveu de John Ross, le même qui plus tard devait faire de si brillantes découvertes dans la zone antarctique, planta le pavillon anglais sur le pôle magnétique qu'il crut trouver à la latitude de 70° 17' nord et à la longitude de 96° 46' 44» (méridien de Greenwich), mais il ne paraît pas que cette détermination ait pu être faite avec l'exactitude nécessaire.

Aussitôt après la première expédition de sir John Ross, le lieutenant Parry partit à son tour en 1819 pour les mers polaires, et son voyage s'opéra dans les circonstances les plus favorables. Il arriva très tôt devant le détroit de Lancastre, et s'assura que les montagnes que Ross avait cru voir n'existaient point; il parcourut rapidement le long détroit auquel il donna le nom de Barrow, alors secrétaire de l'amirauté, découvrit le premier et nomma le canal de Wellington, le canal du Prince-Régent, les îles Cornwallis, Byara Martin, Melville, dont le groupe est maintenant, et avec justice, connu sous le nom d'archipel Parry. Il poussa encore plus loin du côté de l'ouest, et aperçut les côtes du pays de Banks, qui forment les lignes extrêmes du grand labyrinthe polaire. Il traça ainsi, en quelques mois, à larges traits la topographie générale de ces contrées, jusqu'alors complètement inconnues; il visita le premier ces quatre grandes avenues qui forment comme une immense croix, — le détroit de Lancastre, le passage de Barrow, le canal de Wellington et celui du Prince-Régent. Presque toutes les expéditions arctiques qui suivirent la sienne n'eurent pas d'autre théâtre, et l'on ne put qu'étudier avec plus de détail les diverses parties de cette vaste région. Hasard des entreprises humaines ! dans ce voyage si court et si constamment heureux, Parry recueillit plus de résultats que n'en obtinrent tous ceux qui le suivirent, année par année, pendant trente ans, dans les zones glaciales. Si l'histoire ne devait sanctionner que les succès et rester indifférente aux plus nobles efforts quand ils sont infructueux, le nom de Parry serait peut-être le seul qui resterait lié dans un avenir lointain à ces voyages de découvertes.

En 1821, Parry explora avec le *Fury* et l'*Hécla* les eaux de la baie d'Hudson; il visita la péninsule de Melville, qu'il faut bien se garder de confondre avec l'île Melville, qu'il avait découverte dans son premier voyage. La péninsule de Melville est au nord de l'île Southampton, en face de l'île Cumberland, et avance sa pointe allongée dans le large détroit de Fox, qui communique avec la baie d'Hudson.

En 1824, il fit avec les mêmes navires son troisième voyage. Il pénétra encore dans le passage de Barrow, mais fut forcé d'hiverner à Port-Bowen, dans le canal du Prince-Régent. Au printemps, il alla étudier, sur la rive occidentale de ce canal, les côtes du Sommerset du nord; mais il fut contraint subitement d'abandonner le *Fury* et de revenir. C'est dans ce navire que sir John Ross en 1829 trouva les vivres sans lesquels il eût probablement péri avec tout son équipage.

Enfin en 1827 Parry entreprit cette audacieuse excursion sur les glaces, où il atteignit jusqu'au 82e degré de latitude. Sans continuer à suivre plus longtemps les passages tortueux et les inextricables canaux du labyrinthe arctique, il conçut la pensée hardie de s'avancer directement vers le pôle, en ligne droite, sur les glaces mêmes. Pour abréger la distance, il fallait choisir le point le plus septentrional qui fût connu. Ce point est l'extrémité avancée du Spitzberg; Parry partit en traîneau d'un groupe de rochers que l'on nomme les Sept-Iles, et avança de 435 milles vers le nord, mais il lui fut bientôt impossible de lutter de vitesse avec les glaces : pendant qu'il marchait vers le pôle, les courants entraînaient vers le sud les grands trains de glace qui le portaient. Il revint sans avoir pu s'approcher à moins de 200 lieues du pôle. A ces hautes latitudes, on ne trouvait point le fond de la mer à une profondeur de 9,000 mètres; on ne voyait point la terre à l'horizon, et, quoiqu'à une distance assez faible du pôle, la pluie tombait presque continuellement. Dans cette excursion audacieuse, Parry acquit la conviction qu'il existe une grande mer polaire libre, ouverte, et sans glaces.

L'année même où Parry entreprit son premier voyage arctique, si fécond en résultats et qui éclaire d'une lumière si nouvelle la géographie des zones glaciales, Franklin entreprenait aussi sa première expédition. Il est difficile de trouver une carrière maritime plus glorieusement remplie que la sienne. Entré en 1800 dans la marine anglaise, Franklin assista au combat naval livré par Nelson devant Copenhague, fit partie d'un voyage d'exploration sur les côtes de l'Australie, et fit naufrage sur des bancs de corail en 1803. Il prit part à la fameuse bataille de Trafalgar et fut chargé de conduire à Rio-Janeiro le duc de Bragance, qui fuyait devant Junot. En 1814, il fut blessé au fameux siège de la Nouvelle-Orléans, que Jackson défendit avec tant de résolution et de courage. Enfin en 1819 il reçut l'ordre d'aller examiner les côtes de l'Amérique septentrionale depuis l'embouchure de la rivière Coppermine. Il partit de York-Factory, sur la baie d'Hudson, établissement principal de la compagnie anglaise qui, depuis bien longtemps déjà, fait seule le commerce d'échange avec les Esquimaux. Les agents de cette compagnie sont disséminés depuis la baie d'Hudson jusqu'au lac de l'Esclave et au lac Grand-Ours; leurs habitations, qu'on a pompeusement décorées du nom de forts, ne sont que d'assez pauvres huttes en bois, sur lesquelles flotte le pavillon anglais, et qui rappellent un peu par leur situation et leurs dispositions principales ce qu'on nomme en Afrique les blokhaus. Les postes de la compagnie sont distribués sur cette grande chaîne de lacs qui forme un des traits les plus singuliers de cette portion de l'Amérique. Franklin dépassa le lac Winnipeg, suivit la rivière Seskatchawan et arriva successive- ment au fort Chipewyan sur le lac Athabasca, au fort Providence, au fort Entreprise près du lac de l'Esclave. Il descendit de là la rivière Coppermine jusqu'à la mer arctique, dont il suivit les rivages sur deux canots jusqu'à la pointe Turnagain, sur une distance de 550 milles. A ce point, les provisions commencèrent à manquer : il fallait retourner au fort Entreprise à travers une immense contrée complètement déserte, abandonnée et couverte de neige. Au bout de plusieurs jours, le peu de *pemmican*[1] qui restait encore était épuisé, et il fallut se contenter pour nourriture d'une mousse nommée tripe de roche. L'expédition se composait de Franklin, du docteur Richardson, de deux jeunes officiers, MM. Hood et Back, d'un matelot anglais, Hepburn, de dix Canadiens et de deux Indiens. Ils réussirent à tuer quelques animaux qui calmèrent un peu les tortures de la faim; mais ils n'avancèrent que lentement et péniblement dans ce grand désert de neige, entrecoupé fréquemment par des ravins profonds. Franklin se trouva bientôt tellement affaibli, qu'il perdit une fois complètement

[1] Le *pemmican* est une préparation de viandes très nutritive sous un faible volume.

connaissance. M. Back prit l'avance avec trois hommes pour aller chercher du secours dans le fort Entreprise. Franklin continua de s'avancer lentement avec le reste de la troupe; il ne pouvait plus faire que 5 ou 6 milles dans un jour. Deux Canadiens périrent dans la neige, et l'on se partagea les semelles de leurs souliers. Richardson, le matelot anglais et un des Iroquois furent obligés de s'arrêter sous une tente; Franklin continua sa marche désespérée et perdit encore trois Canadiens. Enfin on aperçut le fort Entreprise. Hélas! il était désert, et on ne put y trouver aucune provision : ainsi toute espérance était perdue au moment même où les infortunés se croyaient sauvés. Après cette fatale découverte, ils se regardèrent les uns les autres, et, sans prononcer une parole, fondirent tous en larmes. Franklin demeura dans le fort avec trois hommes et fit de la soupe avec des os abandonnés dans un tas d'ordures. Deux jours après, il vit arriver Richardson et le matelot anglais Hepburn, qui lui apprirent que l'Iroquois Michel avait assassiné M. Hood. Pour punir l'assassin, le docteur Richardson l'avait tué d'un coup de pistolet. Ainsi le crime même venait mêler ses horreurs à celles de la faim, du froid et de l'abandon. Le 1er novembre, deux Canadiens périrent encore dans le fort. Enfin le 7, quand Franklin essayait déjà de s'habituer à la pensée d'une si horrible fin, arrivèrent des Indiens envoyés par M. Back et chargés de nombreuses provisions. Il faut lire dans la relation du voyage de Franklin le récit simple et émouvant de cette lamentable expédition : on admire ce courage, cette grandeur d'âme, cette douleur qui s'oublie elle-même pour ne songer qu'à celle des autres.

Comment ceux qui ont subi de pareilles tortures peuvent-ils volontairement s'engager dans les mêmes aventures et courir au-devant des mêmes dangers? On est presque effrayé d'un tel mépris de la vie et de l'audace de ces défis répétés de l'homme à la nature. Dès 1825, Franklin retourna dans l'Amérique septentrionale. Il avait ordre d'explorer les côtes de l'Amérique depuis l'embouchure du Mackenzie jusqu'au détroit de Behring; mais il ne put remplir cette mission, et dut revenir sans avoir obtenu de résultats. C'est à son retour qu'il épousa sa seconde femme, Jane Griffin, devenue, sous le nom de lady Franklin, célèbre par les infatigables efforts qu'elle tenta pour retrouver son infortuné mari, perdu dans les mers arctiques. Ce n'est qu'en 1845 que Franklin partit pour sa troisième expédition arctique, avec *l'Érèbe* et *la Terreur*, noms de funeste augure. Son équipage se composait de 138 hommes, et il emmenait avec lui le capitaine Fitz-James et le capitaine Crozier. Les instructions qu'il reçut de l'amirauté lui enjoignirent de chercher à atteindre le détroit de Behring, en prenant dans la direction du nord-ouest à partir du cap Walker, situé à l'extrémité du détroit de Barrow. Dans le cas où. il ne pourrait s'avancer dans cette direction, il devait essayer de passer par le canal de Wellington. Le capitaine Martin, baleinier, le rencontra dans les eaux de Baffin le 20 juin 1845. Franklin lui dit qu'il avait à bord des provisions pour cinq ans, et, si cela devenait nécessaire, qu'il pourrait les faire durer pendant sept ans. Le 26 juin, il rencontra encore le capitaine baleinier Dennett, et depuis on ne reçut plus de lui aucune nouvelle.

III. — VOYAGES A LA RECHERCHE DE FRANKLIN. — DÉCOUVERTE DU PASSAGE DU NORD.

La disparition de Franklin marque le début de ce que nous avons appelé la *troisième époque* des expéditions arctiques. Les voyages de recherche, en se multipliant, imprimèrent aux études sur les régions du pôle une activité nouvelle, que devaient bientôt signaler d'importants résultats.[1]

C'est en 1848 que l'on commença à s'émouvoir de la longue absence de Franklin; à partir de cette année l'on vit se succéder sans interruption les expéditions de recherche au pôle. Quelques-unes passèrent par le détroit de Behring; mais leur grande route en quelque sorte fut la baie de Baffin, le détroit de Lancastre et celui de Barrow. Les navires qui prennent ce chemin suivent, le long de la côte occidentale du Groenland, le canal ouvert qui reste libre entre la côte et les grands radeaux de glace qui occupent le centre de la baie. C'est d'Uppernavik, le dernier établissement danois de la côte, à 72e, que les officiers anglais datent leur dernier rapport : c'est leur adieu au monde. Désormais les seuls êtres humains qu'ils peuvent encore rencontrer sont quelques pêcheurs de baleine ou <u>des familles errantes d'Esquimaux</u>.

1 Nous avons consulté, pour raconter ces dernières expéditions, les documents de l'amirauté anglaise et les documents présentés à la chambre des communes.

Les trains de glace encombrent complètement la grande indentation en fer à cheval qui forme le fond de la baie de Baffin, et que les marins appellent la baie de Melville. Le canal qui reste libre entre cette grande barrière et la côte du Groenland devient de plus en plus étroit, et il faut trouver un passage pour pénétrer dans le détroit de Lancastre, qui s'ouvre de l'autre côté de la baie. L'accumulation des glaces dans la baie de Melville vient de sa position très septentrionale, du changement de direction des glaces au moment où elles sortent du détroit de Lancastre, des montagnes de glaces qui descendent en masse de la côte, et qui souvent s'avancent presque en sens contraire des grands radeaux superficiels. Une fois engagé dans un canal interrompu par des langues de glace, il faut souvent faire avancer le navire mécaniquement, le traîner à la remorque dans un passage laborieusement ouvert avec la hache et le cabestan. Sa marche ne se mesure plus dès lors par milles, mais par mètres. C'est là qu'ont eu lieu tous ces désastres qui, parmi les pêcheurs de baleine, ont donné à là baie Melville une si terrible réputation. Les baleines se réfugient aujourd'hui à l'ouest de la baie Melville, dans les détroits de Lancastre et de Barrow et dans le canal du Prince-Régent, et les navires qui traversent le passage de bonne heure sont sûrs d'une excellente pêche; mais depuis 1819 deux cent dix ont été brisés en tentant ce passage redouté.

Il est bien difficile de jeter quelque ordre dans le récit des nombreuses expéditions qui furent envoyées à la découverte de Franklin. Il vaut peut-être mieux, pour éviter la confusion, rendre compte d'abord de celles qui ont pu obtenir quelques nouvelles de l'infortuné navigateur, et revenir ensuite sur celles qui, tout en échouant dans l'entreprise principale qui leur était confiée, réussirent à ajouter des résultats nouveaux à la géographie arctique.

Ce fut au mois d'août 1850 que le capitaine Ommaney, et quelques jours après le capitaine Penny, trouvèrent les premières traces de l'expédition de Franklin, dans l'île Beechy, à l'entrée du canal de Wellington; ils découvrirent un poteau indicateur destiné à montrer le chemin des navires, des restes de cordes et d'habits, plusieurs centaines de caisses à provisions en ferblanc, et les tombes de trois hommes de l'équipage. Les inscriptions placées sur ces tombes apprenaient que Franklin avait hiverné dans cette île pendant l'hiver de 1845 à 1846. On adopta généralement l'opinion qu'il s'était engagé ensuite dans le canal de Wellington pour arriver jusqu'à la mer polaire et redescendre de là vers le détroit de Behring. Presque tous les efforts furent obstinément dirigés vers le nord et vers l'ouest de l'île Beechy. Par une malheureuse fatalité, on s'écarta ainsi complètement de la bonne voie : c'était au sud qu'il fallait aller. On persista à croire qu'après cinq ou six ans passés dans les glaces arctiques, Franklin se serait encore obstiné à chercher la mer polaire ou le passage du Nord plutôt que de revenir vers les parages plus fréquentés du détroit de Lancastre, ou de descendre le canal du Prince-Régent jusque dans les eaux de la baie d'Hudson. L'erreur a été reconnue depuis que, dans son exploration de la côte occidentale de Boothia, le docteur Rae recueillit d'une tribu d'Esquimaux le récit suivant. — Dans le printemps de 1850, des Esquimaux aperçurent une troupe de soixante hommes blancs qui voyageaient lentement avec un canot le long de la côte de la Terre du roi Guillaume, au sud de Boothia. (Pour y arriver, il faut descendre jusqu'à une très grande profondeur le canal du Prince-Régent.) Les hommes blancs étaient tous fort amaigris; ils firent comprendre par signes aux Esquimaux que leurs vaisseaux avaient été détruits par les glaces, et qu'ils s'occupaient à chasser. Plus tard, on n'en trouva plus que trente, et tous ils étaient morts. Quelques-uns, sans doute les premières victimes, étaient enterrés, les autres étaient couchés sous des tentes ou sous le bateau renversé, quelques-uns isolément. Parmi eux était un officier de haute taille, avec une lunette et une carabine près de lui. L'état de ces corps montrait que les infortunés avaient été réduits à l'horrible ressource du cannibalisme, — *the last resource*, comme l'appelle le docteur Rae dans son rapport.

Ce récit rencontra en Angleterre beaucoup d'incrédules, et souleva par ses derniers détails une véritable indignation. On se refusait à croire que les souffrances de la faim pussent transformer en cannibales des hommes civilisés, des marins anglais, choisis parmi l'élite de la marine royale. On fit remarquer, et avec raison, que les Esquimaux qui avaient transmis cette histoire lamentable à Rae ne la tenaient que de seconde main. On rappela que ces peuplades craintives et misérables n'ont aucun respect pour la vérité, qu'elles se plaisent à forger les fables les plus invraisemblables et les plus grossières. On accusa enfin les Esquimaux eux-mêmes d'avoir assassiné les hommes blancs pour s'emparer de la poudre, des armes, des instruments de toute sorte qu'ils possédaient. Pour l'honneur des nations civilisées, on doit refuser de croire la dernière partie du récit des Esquimaux; mais on ne peut pas le rejeter tout entier. Les objets que Rae racheta des Esquimaux, et qui avaient appartenu sans aucun doute à la troupe de Franklin, compas, boutons, couverts d'argent, etc., donnent la preuve à peu près certaine qu'il s'était dirigé vers ces régions après l'hiver passé dans l'île de Beechy. Pourquoi fut-il obligé de descendre vers la Terre du roi Guillaume plutôt que de suivre les rivages du détroit de Barrow, si fréquenté par les baleiniers? C'est ce qui reste encore inexplicable.

Toutes les expéditions qui se dirigèrent vers le nord et l'ouest du détroit de Barrow firent donc fausse route. Les seules qui avaient quelque chance de sauver Franklin étaient celles de sir James C. Ross, du capitaine Bird, et plus tard de Forsyth et de Kennedy, qui seuls explorèrent le canal du Prince-Régent.

Sir James Ross devait visiter le détroit de Barrow jusque vers le cap Walker et les rives occidentales du canal du Prince-Régent, le long du Sommerset du nord et de Boothia jusqu'aux environs du pôle magnétique. La troupe de Franklin suivit les mêmes rivages dans l'intervalle des années 1846 et 1850. Or c'est précisément en 1848 et 1849 que Ross fit son expédition : malheureusement il ne s'avança pas assez profondément vers le sud; il s'arrêta au 71e degré de latitude. Quelques lieues seulement le séparaient peut-être à ce moment de Franklin.

En 1851, le capitaine Kennedy alla explorer à son tour le canal du Prince-Régent. Il emmena avec lui un jeune officier français, M. Bellot; ils établirent que le Sommerset du nord, qu'on avait toujours cru lié au continent, est une île séparée de Boothia par un passage qui fut depuis nommé passage Bellot. Leur voyage fut semé de nombreuses péripéties : ils furent séparés un moment de leur vaisseau et ne durent la vie qu'à un miracle. Ils hivernèrent dans le passage du Prince-Régent, partirent ensuite en traîneau et firent un voyage d'exploration qui dura deux mois.

C'est lady Franklin elle-même qui avait envoyé le capitaine Kennedy dans le passage du Prince-Régent : déjà auparavant, par son ordre, le capitaine Forsyth l'avait parcouru sur *le Prince-Albert*;

malheureusement aucune de ces expéditions n'y entra assez avant. L'insistance de lady Franklin ne pouvait tenir qu'à un de ces pressentiments secrets qui, dit-on, ne trompent jamais et qui ne sont des raisons que pour ceux qui les éprouvent, car, pendant le même temps, les hommes expérimentés qui composent l'amirauté anglaise persistaient à diriger les expéditions vers le canal de Wellington, le détroit de Behring et la mer polaire.

Après avoir raconté les campagnes qui avaient donné quelques indices sur le sort de Franklin, il nous reste à examiner les expéditions qui, sans avoir pu se diriger exactement sur les traces de l'infortuné navigateur, ont pourtant contribué à étendre ou à rectifier les notions obtenues sur les contrées du Nord. Ce qu'il faut surtout admirer dans ces dernières campagnes, c'est le soin remarquable qu'on apporta dans les préparatifs. L'expérience des années précédentes fut mise à profit : jamais navires ne furent mieux pourvus et mieux approvisionnés; l'emploi des bateaux à vapeur remorqueurs rendit la navigation beaucoup plus rapide et plus aisée dans ces difficiles passages, et les expéditions en traîneaux, en emportant des provisions et en établissant des dépôts faciles à retrouver, permirent d'étudier ces contrées désertes dans tous leurs détails et dans toutes les directions. Rien ne fut oublié, depuis les voiles que l'on déploie sur les traîneaux quand le vent est favorable jusqu'au canot en caoutchouc (dit canot Halkett) qui sert à traverser les passages ouverts entre deux bancs de glace.

L'escadre envoyée en 1850 était commandée par le capitaine Austin, et se composait de deux vaisseaux à voiles et de deux *steamers*. La campagne du printemps suivant s'ouvrit sous les plus heureux auspices.

En même temps que l'escadre principale, on comptait encore les deux vaisseaux du capitaine Penny, deux navires américains, le yacht de sir John Ross, et *le Prince-Albert*, équipé par lady Franklin elle-même. Austin et Penny concertèrent leurs opérations. Ommaney, l'un des lieutenants d'Austin, alla explorer les côtes solitaires et désolées d'une grande terre parallèle au Sommerset du nord, et qui fait partie de cette île énorme, encore sans nom, dont les diverses côtes portent le nom de terre Victoria, terre Wollaston, etc., et qui dans ses autres parties a été explorée par Rae, Mac Clure et Collinson. Un autre des officiers d'Austin, Mac Clintock, que nous retrouverons encore dans l'escadre de sir Edouard Belcher, explora les alentours de l'archipel Parry, où il devait plus tard faire d'importantes découvertes.

Quant à Penny, il alla reconnaître le canal de la Reine, qu'un de ses lieutenants avait entrevu au-delà de l'île Baillie-Hamilton : il s'avança en traîneau jusqu'au 77e degré de latitude, dans ce grand estuaire entrecoupé de nombreux îlots et toujours hérissé de glaces; mais l'épuisement de ses provisions le força à revenir sans avoir pu dépasser ce point et arriver à la grande mer polaire, qu'il espérait atteindre. Ce fut en souvenir de cette excursion hardie que le passage qui sépare le pays de Grinnell, extrémité la plus avancée du Devonshire du nord, de l'île Cornwallis, et qui termine le canal de la Reine, fut depuis nommé passage de Penny. Sur ses côtes opposées s'avancent les deux caps, auxquels Penny donna le nom de sir John et de lady Franklin, monuments lointains et éternels, dont la sauvage majesté s'accorde si bien avec le souvenir d'un si grand malheur et d'une si héroïque constance.

Il serait injuste de ne pas mentionner ici l'expédition américaine envoyée, avec le docteur Kane, par un simple particulier, M. Grinnell de New-York. Les deux navires furent emprisonnés par un train de glaces dans le détroit de Lancastre : le courant les entraîna ensuite dans le canal de Wellington; plus tard heureusement il changea de direction et les ramena par les détroits jusque dans la baie de Baffin : ils parcourrurent, dans cette position critique, 1,060 milles en deux cent soixante-sept jours. Avant son voyage arctique, le docteur Kane avait été successivement attaché à la légation de Chine, il avait remonté le Nil, parcouru la Nubie, le royaume de Dahomey, visité l'Europe, et pris part à la guerre du Mexique. Il est depuis reparti pour une nouvelle expédition dans la zone polaire. Son plan était d'entrer dans le passage de Smith, qui s'ouvre vers le nord au fond de la baie de Baffin, et une fois arrivé à un point où les glaces l'empêcheraient d'avancer, de continuer son voyage par terre dans la partie septentrionale encore inconnue du Groenland, jusqu'à ce qu'il pût atteindre le pôle ou la vraie mer polaire. On n'a encore aujourd'hui aucune nouvelle de lui, et l'on commence même à s'émouvoir de son absence déjà bien prolongée.[1]

---

[1] Une expédition commandée par de propre frère de M. Kane. vient de se mettre à sa recherche.

Dès 1851, une nouvelle expédition à la recherche de Franklin avait été préparée en Angleterre, et le commandement en avait été confié à sir Edward Belcher. Il emmena avec lui trois vaisseaux à voiles, l'*Assistance*, la *Resolute* et l'*Étoile du Nord*, et deux *steamers*, le *Pionnier* et l'*Intrépide*. On se dirigea directement vers l'île Beechy, où l'*Étoile du Nord* resta comme vaisseau de dépôt, sous le commandement du capitaine Pullen. Belcher lui-même s'engagea dans le canal de Wellington, et envoya le capitaine Kellett vers l'île Melville, dans la direction de l'ouest. Belcher visita les îles Dundas et Baillie-Hamilton, les côtes orientales du canal de la Reine; puis il alla jeter l'ancre à Northumberland Sund, dans le passage de Penny. Avant le commencement de l'hiver, il fit une excursion avec ses lieutenants Richards et Osborn, et arriva en traîneau jusqu'à la partie septentrionale du pays de Grinnell. De là il se dirigea en canot vers le nord, jusqu'à une grande terre inconnue, qu'il nomma la Cornouaille du nord. La traversée ne fut pas sans danger : le canot était beaucoup trop chargé, et dans toute la largeur du passage qu'il fallait franchir, la mer roulait d'énormes glaçons, dont quelques-uns avaient jusqu'à quarante pieds d'épaisseur. La puissance et la régularité du flux dans ce détroit firent croire à Belcher qu'il était lié aux passages de Smith et de Jones, qui s'ouvrent dans le fond de la baie de Baffin, et qu'il formait avec eux une communication aboutissant à la grande mer polaire. Il fallut revenir aux quartiers d'hiver ; mais aussitôt que les mois fastidieux de la nuit arctique furent écoulés, on se prépara à de nouvelles excursions. Pour multiplier les recherches, chacun des officiers se mit à la tête d'une expédition.

Cette fois Belcher se dirigea vers l'est pour retrouver, s'il était possible, le passage de Jones. Il dépassa les liantes falaises qui forment l'extrémité orientale du pays de Grinnell, franchit le golfe qui le séparait du Devonshire du nord proprement dit, et découvrit bientôt une mer dont les flots se déroulaient librement devant lui, où s'élevait une île, la plus méridionale d'un archipel qui reçut le nom de Victoria. On ne pouvait aller plus loin en traîneau, et Belcher dut revenir sans avoir atteint le passage Jones, de crainte qu'il ne lui fût plus possible de repasser les glaces, et qu'il ne se trouvât séparé de ses communications dans ces horribles solitudes. Pendant ce temps, un de ses lieutenants. Richards, allait explorer

III. — VOYAGES A LA RECHERCHE DE FRANKLIN...

la partie septentrionale de l'île Cornwallis et visiter le capitaine Kellett à la petite île Dealy, où il avait établi ses quartiers d'hiver. Le lieutenant Osborn entreprenait l'exploration des côtes occidentales du canal de la Reine, et faisait plus de 1,200 milles le long de ces falaises sauvages et abruptes.

Mais c'est aux officiers emmenés par le capitaine Kellett qu'il était réservé de faire les plus importantes découvertes de cette campagne. Avant même le commencement du premier hiver, le lieutenant Mac Clintock était déjà allé établir ses premiers dépôts et visiter les alentours de la grande baie, ouverte dans la partie septentrionale de l'île Melville, et qui porte le nom des deux vaisseaux que Parry commandait dans son célèbre voyage de découverte, l'*Hécla* et le *Griper*. Dès le printemps, il traversa de nouveau le grand plateau raviné qui forme le centre de l'île Melville et en suivit les côtes septentrionales dans la direction de l'ouest. Il aperçut de ses derniers promontoires, vers le nord, une île qu'il nomma Émeraude, et vers l'occident une grande terre inconnue qu'il appela l'Ile du Prince-Patrick. Il redescendit ensuite la côte occidentale de Melville, et donna à l'un des caps — d'où l'on découvrait le mieux les lignes de l'île encore inconnue — le nom de M. de Bray, jeune officier français qui l'accompagnait dans son expédition. Mac Clintock découvrit bientôt une autre île située au milieu du détroit qui sépare les îles de Melville et du Prince-Patrick. Il franchit en traîneau ce. passage, et alla examiner la pointe avancée de cette île nouvelle (nommée Eglinton) et toute la partie septentrionale de la grande île du Prince-Patrick. Il suivit sur une grande longueur des côtes unies, si basses que sous le manteau des neiges il devenait souvent difficile de tracer la ligne qui les sépare de leur ceinture de glace. L'île du Prince-Patrick est sans doute la dernière du grand archipel Parry, et si Mac Clintock avait pu dépasser la dangereuse barrière des glaces, il lui eût peut-être été donné de voir en face cette mer polaire inconnue, qu'aucun vaisseau n'a jamais sillonnée, et où nul bruit humain ne s'est jamais mêlé au gémissement monotone des vagues et des vents.

Les pluies et la fonte des neiges rendirent le retour extrêmement pénible : il fallait franchir des torrents grossis, avancer lentement, souvent avec de l'eau jusqu'à mi-corps, à travers d'immenses marécages entrecoupés par de profonds ravins; Mac Clintock revint heureusement auprès des vaisseaux dont il avait été séparé pendant cent cinq jours. Les résultats de cette expédition furent complétés par le lieutenant Mecham, qui découvrit de son côté, quelques jours après Mac Clintock, les îles du Prince-Patrick et Eglinton, mais qui en visita seulement les côtes méridionales.

Cette campagne, si heureusement conduite et si féconde en renseignements précieux sur la géographie de la vaste zone arctique comprise entre le 89e et le 125e degré de longitude,[1] se termina malheureusement par des désastres. Belcher fut contraint d'abandonner deux de ses navires dans les glaces du canal de Wellington; deux autres restèrent à l'entrée occidentale du canal de Barrow. Il fallut laisser à la mer arctique cette proie, au risque de ne jamais revenir et d'être anéantis, corps et biens, sous le formidable assaut des glaces dont il n'était plus possible de se dégager.

J'arrive aux expéditions qui furent envoyées par le détroit de Behring. Dès 1848, le capitaine Kellett et le commandant Moore, sur le *Herald* et le *Plover*, partirent dans cette direction. Le capitaine Kellett trouva au-delà du détroit de Behring une terre très escarpée et très étendue, où les tempêtes l'empêchèrent constamment d'aborder. Cette découverte importante doit être rapprochée du récit déjà ancien d'un navigateur russe, Serjeant Ândreyev, qui fit une expédition le long des côtes de la Sibérie en 1762. Andreyev affirme qu'il atteignit une contrée dont la côte était presque parallèle à celle du continent et habitée par une race encore inconnue.

Les capitaines Collinson et Mac Clure furent envoyés au détroit de Behring en 1851. Collinson revint après trois ans de dangers et d'infatigables explorations. C'est à Mac Clure qu'était réservé l'honneur de se frayer un chemin au-delà du détroit de Behring jusqu'aux parages parcourus auparavant par les navires venus de la baie de Baffin, et de découvrir ainsi le fameux passage du Nord, cherché inutilement depuis des siècles. Il franchit heureusement la barrière dangereuse de l'archipel aleutien, passa le détroit de Behring, et suivit un passage demeuré libre tout le long de la côte américaine : il arriva ainsi jusqu'à l'embouchure du Mackenzie, aux caps Bathurst et Parry, et devant une grande île encore

---

[1] Voyez sur la géographie de cette zone les *Mittheilungen aus Justhus Perthes Geographischer Anstalt* du docteur Petermann.

inconnue, qui porte aujourd'hui le nom d'île Baring, et dont le pays de Banks, autrefois aperçu par Parry, forme seulement la côte septentrionale. Mac Clure entra dans un long détroit qui suit la côte orientale de cette île et la sépare de la terre du Prince-Albert; il y pénétra très profondément, et n'était plus guère loin des eaux des îles Parry, quand les glaces vinrent l'arrêter. Il hiverna en ce point : au printemps, il revint sur ses pas et tourna le long des côtes de l'île Baring jusqu'à sa partie septentrionale. Là encore il fut emprisonné par les glaces; mais de ce point il put communiquer avec un officier de l'escadre de Belcher. On envoya ses dépêches par traîneau jusqu'à l'île Beechy, d'où elles furent emportées par le capitaine Inglefield. Mac Clure passa trois hivers dans ces régions, et fit de nombreuses expéditions dans l'île Melville et dans tous ses alentours.

Inglefield, qui rapporta les dépêches de Mac Clure, venait lui-même de faire une exploration très heureuse dans les deux grands canaux qui s'ouvrent au fond de la baie de Baffin, et qu'on nomme passage de Jones et de Smith. Il pénétra dans ce dernier jusqu'au 77e degré de latitude; mais une furieuse tempête le ramena au sud. Les plateaux élevés qui bordent ce large passage, et qui s'ouvrent çà et là pour laisser descendre des glaciers, étaient recouverts de belles mousses; des herbes marines flottaient en abondance sur les eaux, où l'on observait un courant très marqué. Inglefield rapporta de cette course la conviction que le canal de Smith établissait une communication avec la mer polaire, et que le Groenland est par conséquent une lie complètement isolée et non pas une péninsule, comme on l'avait cru pendant longtemps.

Le canal de Jones, qui s'ouvre à l'ouest de la baie de Baffin, n'est sans doute aussi qu'un détroit, comme ceux de Wellington et de la Reine, et l'on voit que dans leur ensemble la masse des terres situées au nord du long détroit de Barrow, depuis l'île de Melville jusqu'à la baie de Baffin, ne forme qu'un immense archipel.[1]

---

[1] Le capitaine Inglefield avait emmené avec lui le lieutenant français Bellot, qui se rendait pour la seconde fois dans les mers arctiques, et dont la fin fut si malheureuse. Bellot s'était offert volontairement pour porter des dépêches importantes aux environs du cap Bêcher. Parti en traîneau avec quatre hommes seulement, il se trouva séparé de la côte avec deux d'entre eux, sur les glaces qui s'étaient subitement détachées. Il alla le premier reconnaître la fissure qui s'était produite : quand les matelots qui le suivaient et l'avaient perdu de vue derrière des monceaux de glace arrivèrent à

Les principaux objets de ces voyages sont aujourd'hui atteints; le problème du passage du Nord est en effet résolu. Depuis longtemps il n'avait plus qu'un intérêt purement scientifique. Un passage difficile et constamment encombré par des radeaux de glace inextricables ne peut jamais devenir une des grandes routes commerciales du monde, et il faut renoncer à pénétrer dans les eaux du Pacifique en franchissant le labyrinthe polaire. Quant au sort de John Franklin et de ses compagnons, aucun doute ne reste permis. Enfin la géographie de ces contrées est aujourd'hui fixée dans ses détails les plus importants. Sur la plupart des cartes ordinaires, les contours du labyrinthe arctique étaient jusqu'à ce jour à peine ébauchés; on a pu, sur les cartes les plus récentes, les tracer enfin avec exactitude. Que reste-t-il donc à étudier dans les régions polaires? Les physiciens savent aujourd'hui qu'il n'est pas besoin de se rapprocher beaucoup du pôle magnétique, si l'on veut étudier le phénomène des aurores boréales. Pour voir se déployer dans toute leur magnificence ces grandes arches radieuses d'où jaillissent des colonnes de lumière agitée et nuancée des teintes les plus magnifiques, il faut aller dans le nord de l'Europe, en Laponie, en Islande, à Terre-Neuve, au Groenland, dans le Haut-Canada, où Franklin, Richardson, Thieneman, Gieseke, Bravais, Lottin, Wrangel et Anjou firent leurs remarquables observations. L'on connaît aujourd'hui l'explication du mirage et de tous ces jeux de lumière si fréquents dans la zone arctique, halos, couronnes, cercles tangents, parhélies, anthélies, parasélènes. Enfin l'on a peu de choses à apprendre sur la formation des glaces, leurs mouvements, et l'on a tracé les grandes routes de leur migration annuelle.

Il est cependant encore un problème dont les régions polaires disputent la solution aux efforts des navigateurs : c'est l'existence d'une grande mer polaire intérieure libre de glaces. Il y a longtemps qu'on l'a soupçonnée, et les Russes donnent à cette méditerranée arctique encore inconnue le nom de *Polynie*. Les peuples du Nord ont conservé la tradition d'une expédition faite autrefois par des pêcheurs hollandais, qui, dit-on, purent s'avancer sur la

---

leur tour, il avait disparu, et ils ne retrouvèrent que son long bâton ferré avec lequel il avait essayé de franchir la crevasse béante. On pleura en Angleterre comme en France cet homme si jeune, si vaillant, qui, pressé par les seuls besoins de l'activité généreuse qui tourmente les grands cœurs, s'était deux fois offert volontairement à partager les souffrances et les dangers des expéditions arctiques.

mer mystérieuse jusqu'à un degré du pôle; mais de nos jours on peut invoquer des témoignages plus positifs. Wrangell et Anjou, dans leur expédition sur les glaces de la Sibérie, trouvèrent partout devant eux un océan sans limites au-delà de la grande barrière qui emprisonnait les rivages. Tous les navigateurs qui ont exploré les passages de Wellington, de la Reine, de Smith et de Jones, ont admis que ces vastes canaux sont des détroits qui conduisent à la haute mer. On sait que Parry rapporta la même opinion de sa célèbre et aventureuse expédition au nord du Spitzberg. Une mer très profonde et traversée; par des courants très puissants ne peut sans doute jamais être prise, quelle que soit la rigueur du froid. Nous avons déjà fait remarquer que l'excessive accumulation des glaces dans le labyrinthe polaire s'explique par la configuration des terres, par ce large développement de côtes qu'entrecoupent des passages tortueux et de grands estuaires semés d'îlots. On conçoit aussi aisément qu'une immense plaine de glace puisse s'étendre tout le long du continent asiatiques, car il vient en quelque sorte mourir insensiblement sous la mer, dont le fond ne s'abaisse que très lentement à mesure qu'on s'éloigne du rivage; mais tout semble faire croire au contraire qu'il y a au pôle une mer profonde, où de grands courants entretiennent une constante circulation.

L'Océan polaire reçoit le tribut de trois continents : dans le nord de l'Europe ou de l'Asie, 1,200,000 lieues carrées y déchargent leurs eaux par ces fleuves immenses qui tous descendent du sud vers le nord. En Amérique, le Mackenzie seul, avec les lacs qu'il traverse, sert de réservoir aux eaux de 200,000 lieues carrées. Cette immense invasion d'eau douce ne peut se faire que pendant la saison où les embouchures sont débarrassées de glace. Le bassin polaire, ainsi surchargé pendant une partie de l'année, n'a que trois sorties : le détroit de Behring, les passages du labyrinthe arctique qui communiquent avec la baie de Baffin et d'Hudson, et le plus important de tous, entre le Groenland et la Norvège, qui se trouve encore divisé par l'Islande et le Spitzberg, et qui sert en même temps d'entrée au grand courant du *gulfstream*. Pendant l'été, le courant principal y a la direction du nord au sud, et pendant l'hiver du sud au nord. Wrangell a aussi remarqué le long des côtes de la Russie et de la Sibérie que le courant va de l'est à l'ouest pendant l'été, et que pendant l'hiver un courant opposé va des îles Faroë au nord-est vers le détroit de Behring. Il est donc hors de doute que la zone polaire est le siège d'une vaste circulation qui doit s'opérer dans un grand bassin intérieur.

L'étude des températures et de leur distribution dans la zone arctique confirme également l'existence d'une mer polaire. Le pôle de la terre en effet n'est pas le point où le froid est le plus grand, pas plus qu'il n'est le pôle magnétique. Il existe dans la zone glaciale deux pôles de froid maximum autour desquels viennent tourner ces courbes que l'on nomme isothermes, parce qu'elles représentent la suite des points de la terre où les températures moyennes sont les mêmes. Ces deux pôles se déplacent dans le courant de l'année, par suite du mouvement des glaces pendant l'été, mais ils restent toujours assez éloignés du pôle même de la terre. On comprendrait difficilement ce fait, si ce pôle était le centre d'un vaste continent recouvert d'un linceul glacé; il faut donc admettre qu'il se trouve dans une vaste mer, traversée par de puissants courants compensateurs. Il ne serait donc pas impossible peut-être, comme l'a soutenu avec beaucoup de talent un géographe allemand, M. Petermann, en dépassant la Nouvelle-Zemble dans une saison convenable, de se diriger directement vers le pôle, et pourtant l'on a constamment négligé cette route si naturelle pour s'obstiner à fouiller péniblement les détours du labyrinthe polaire.

Tout fait croire désormais qu'il se passera de longues années avant que de nouveaux explorateurs aillent s'aventurer dans les parties les plus reculées des régions du Nord. La voix de l'homme ne troublera plus chaque année le silence des hauts déserts arctiques, et ses pas n'y fouleront plus le manteau vierge des neiges. Les pêcheurs iront encore s'aventurer l'été à l'entrée des détroits, à la poursuite des phoques et des baleines : les passages redoutés seront encore sillonnés par les frêles *kayacks* où l'Esquimau s'emprisonne, flèches vivantes qui fendent les vagues, et volent comme les mouettes dans la tempête; mais l'on ne verra probablement plus de véritables escadres pénétrer dans ces canaux longs et tortueux, où la navigation est un continuel danger. L'homme fait ainsi, comme pour attester sa puissance, des invasions hardies dans les régions d'où il semblait à jamais exclu; mais quand il a surpris le secret de la solitude, il rentre dans son domaine habituel, comme ces tribus conquérantes qui envahissent subitement une contrée, répandent autour d'elles l'étonnement et la terreur, puis se retirent avec leur butin pour ne plus jamais revenir.

ISBN : 978-1719180153

www.ingramcontent.com/pod-product-compliance
Lightning Source LLC
Chambersburg PA
CBHW070138230526
45472CB00004B/1586